U0155116

疯狂的生物

生命的进化

洋洋兔·编绘

科学普及出版社

·北京·

图书在版编目（ＣＩＰ）数据

疯狂的生物.生命的进化/洋洋兔编绘.--北京：
科学普及出版社,2021.6（2024.4重印）
　　ISBN 978-7-110-10240-4

Ⅰ.①疯… Ⅱ.①洋… Ⅲ.①生物学－少儿读物②进
化论－少儿读物 Ⅳ.①Q-49②Q111-49

中国版本图书馆CIP数据核字(2021)第000963号

目录

孕育生命的地球

起初，地球是一颗大火球，温度很高，到处都有火山喷发，熔岩横流，没有氧气，也没有生命。

这就是46亿年前的地球。

也有人说是含有大量冰块的彗星把水带到了地球。

随着地球温度逐渐降低，火山喷发时产生的水蒸气凝结成雨，降落在地面上，形成了原始的海洋。

原始的大气，在雷电等作用下，形成了多种有机物，这些有机物汇进海洋里。

充满有机物的海洋就像一盆热汤，叫原始生命汤。最初的生命就是在这里诞生的。

5

生命的诞生

不久后，海洋中出现了原始细胞。

过了数亿年，一些细胞进化成了古菌。古菌是最早的生命，它们非常适应没有氧气的高温环境。

可是，环境在不断地改变，地球的温度在不断降低。古菌越来越难以适应环境了。这时，一种叫蓝藻的原核生物很快适应了新的环境。

蓝藻不仅能适应环境，还能改变环境。它们利用太阳光进行光合作用，释放出大量氧气。

氧气的产生对生命的进化至关重要，此后出现的生物几乎都离不开它。

氧气的诞生，随之诞生了许多喜欢氧气的生物。但这些生物都是非常简单的单细胞生物。大约6亿年前，单细胞生物逐渐进化出了多细胞生物。

接着，多细胞生物越来越多。不过主要是环节动物、节肢动物等低等生物。

海绵是目前已知的最原始的多细胞动物。

生命大爆发

到了距今约5.4亿年的寒武纪，海洋里突然出现了许多生物。原本比较沉闷的海洋，一下子热闹了起来。

有的人认为，寒武纪的氧气含量突然大幅增加，才导致了大批生物的出现。

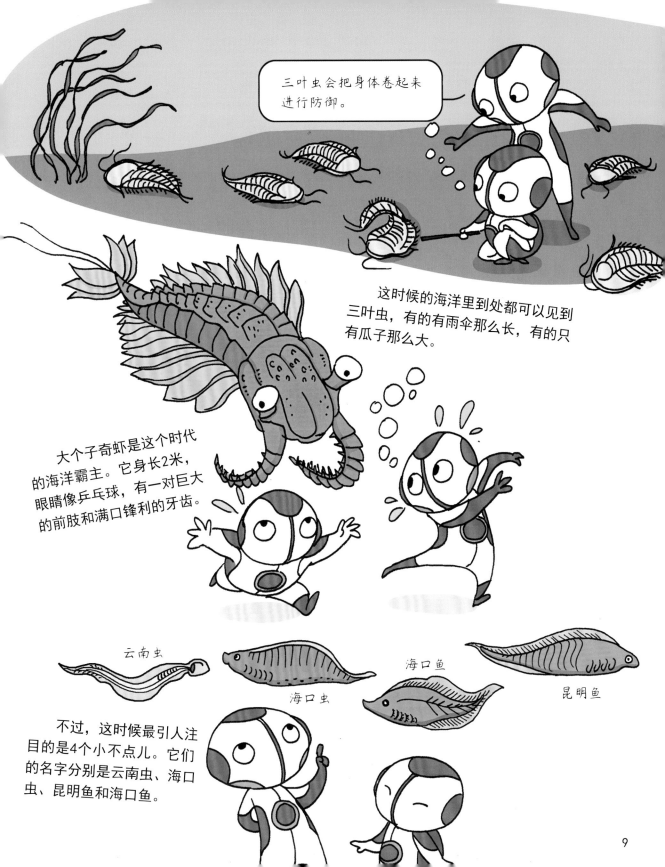

三叶虫会把身体卷起来进行防御。

这时候的海洋里到处都可以见到三叶虫，有的有雨伞那么长，有的只有瓜子那么大。

大个子奇虾是这个时代的海洋霸主。它身长2米，眼睛像乒乓球，有一对巨大的前肢和满口锋利的牙齿。

云南虫

海口虫

海口鱼

昆明鱼

不过，这时候最引人注目的是4个小不点儿。它们的名字分别是云南虫、海口虫、昆明鱼和海口鱼。

从虫到鱼

云南虫、海口虫与这个时期其他动物的不同之处，在于它们的身体内部，从头到尾有一根脊索贯穿。这是一项了不起的进化。

这根细长的棍子一样的部位就是脊索，它坚韧又有弹性。

后来，又出现了脊椎。昆明鱼和海口鱼拥有最原始的脊椎，是目前已知的最早的脊椎动物。

这是一条鱼的脊椎。脊椎是由一块一块的脊椎骨连接起来形成的。

脊柱是骨质的，比脊索要坚硬灵活。脊索和脊椎都能够很好地支撑躯干，保护内脏。

随着上亿年的进化，原始的脊椎动物终于进化出了真正的脊椎动物——鱼类。同时，海洋里的藻类进化出了喜欢湿润环境的苔藓植物。

那时的海洋被长达10米的直壳鹦鹉螺和3米左右的板足鲎（hòu）统治着。

最早的鱼类比较小，而且没有颌骨，是滤食性的，以水中的浮游生物和有机碎屑为食。

这时，地球发生了第一次生物大灭绝。

第一次生物大灭绝

时间：距今约4.4亿年前。

后果：地球上约85%的物种灭绝。

原因：地球进入冰期，大部分生物因气候寒冷而灭绝。地球陷入寒冷的原因，有科学家认为是地球内部运动引发磁场变化，导致大量宇宙射线射入地面，同时大气层出现大规模的云层遮挡了太阳光线。

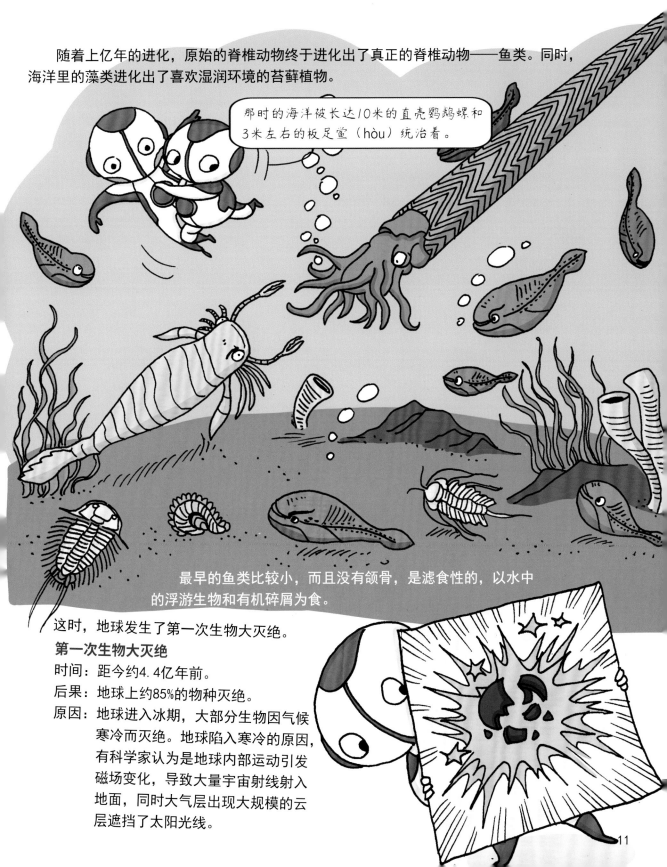

鱼类时代

经过第一次生物大灭绝后，鱼类抓住机会，进化出了很多种类。它们不仅长出了可以用于捕食的颌骨，原本小小的个头也越长越大，逐渐成为整个海洋的绝对主角。

鱼类崛起后，原本的海洋霸主直壳鹦鹉螺和板足鲎的日子变得不太好过。以板足鲎为代表的节肢动物，开始尝试离开水，来到陆地上生活。

那时候的陆地上已经有了很多蕨类植物，为登陆的节肢动物提供了丰富的食物。

最终，海里的节肢动物成功登陆，进化成了各种各样的昆虫。

在海洋中，有一类鱼叫肉鳍鱼，也向往着陆地。

它们的身体下面有2对肉鳍，为登陆提供了可能。

提塔利克鱼只能用2对肉鳍在陆地上支撑起身体爬动，但不能离开水太久。

后来，一些肉鳍鱼进化成了提塔利克鱼。它的2对肉鳍就像4条腿一样，可以支撑起身体，而且长出了可以在陆地上呼吸的肺。

来，做几个俯卧撑。

这时候，地球又发生了生物大灭绝的事件。

第二次生物大灭绝
时间：距今约3.74亿年前。
后果：地球上约82%的物种灭绝。
原因：地球内部活动引发火山大喷发，
　　　释放出大量火山灰遮挡太阳光，
　　　导致光合作用停止，大气与海洋
　　　里的氧气逐渐消失殆尽，从而导
　　　致生物大灭绝。

向陆地进军

经过不断地进化和尝试,一些总鳍鱼演变成了原始的两栖类。鱼石螈就是最早的两栖类动物。它长出了四肢,可以在陆地上活动,成年后还可以用肺呼吸。

鱼石螈虽然成功登陆,但还是离不开水,它的四肢也不适合长时间在陆地上行走。

登陆英雄,看这里!

这时,陆地上有大量的蕨类植物,裸子植物也已经出现。它们一起构成了地球上茂密的森林。

这些茂密的植物,死后掉进沼泽里,经过数千万年后变成了煤炭。

这个时代形成了大量的煤炭，所以叫石炭纪。同时，又因为有许多巨大的虫子，所以也叫"巨虫时代"。

绿色植物的大繁荣，使这一时期的空气含氧量出奇的高，虫子长得非常大。

虽然虫子的个头很大，但陆地上真正的霸主还是两栖动物。自从登陆以后，它们不断繁衍和进化，出现了很多大块头。其中，体长2米的蚓螈尤其厉害，巨型昆虫在它面前不过是一顿美餐。

彻底离开水

　　比两栖动物晚些出现的是爬行动物，它们真正摆脱了对水的依赖，过上了陆地生活。

　　爬行动物的体表披着鳞甲，能减少身体里的水分蒸发。

　　爬行动物能够完全适应陆地，更关键的是，它们能产一种特殊的卵——羊膜卵。鱼类和两栖类的卵比较脆弱，必须在水中发育。而羊膜卵自带水环境，发育不再需要外界的水。

似哺乳类爬行动物？好奇怪的名字。

　　爬行动物虽然完全适应了陆地生活，但它们个头比较小，还无法与其他动物抗争。直到似哺乳类爬行动物出现。

爬行动物诞生后，其中有一类既有爬行动物的特征，又有哺乳动物的特征，叫似哺乳类爬行动物。

似哺乳类爬行动物是后来出现的哺乳类动物的祖先。

按照这样的进化进程，哺乳动物可能会提早出现。然而，一场有史以来最严重的生物大灭绝打破了这种可能。

第三次生物大灭绝
时间：距今约2.5亿年前。
后果：地球上约95%的物种灭绝。
原因：西伯利亚超过100万年的火
　　　山大喷发。

恐龙时代

　　第三次生物大灭绝后，似哺乳类爬行动物受到重创，其他一些物种开始崛起，恐龙是其中之一。但恐龙体形比较小，还不是其他动物的对手。这时候，又发生了第四次生物大灭绝。

　　此后，恐龙很快适应了新的环境，并统治了陆地。同时，陆地上开始出现高大的绿色植物——被子植物，为恐龙提供了充足的食物和栖息环境。

　　恐龙和其他爬行动物不同，它的四肢长在肚子下面，采用站立的方式前进，不用爬行。

第四次生物大灭绝

时间：距今约2亿年前。

后果：地球上约76%的物种灭绝。

原因：地球发生地质运动，造成了环境气候大改变。

这时候，哺乳动物已经出现，但是它们个头很小，为了躲避强大的恐龙，只能穴居在地下。

恐龙是陆地上的绝对统治者，而海洋中的霸主则是蛇颈龙和鱼龙。

鱼龙长得像海豚，它们长长的嘴巴里长满了锋利的牙齿。

蛇颈龙有一条细长的脖子，因此得名。

天空中则到处是翼龙的身影。大的翼龙展开双翼有10多米长，就像一架小型飞机。

翼龙不是恐龙，它是一种会飞的爬行动物。

来呀，追上就还给你。

身体披毛的哺乳动物

恐龙灭绝后，地球的环境发生了变化。原本穴居地下的哺乳动物来到陆地上，很快就适应了新环境。它们的队伍不断壮大，遍布全球。

哺乳动物全身披毛，体温可以保持恒定。相比爬行动物，它们对环境的适应能力更强。

胎生和哺乳是哺乳动物的特点，后代在母亲的体内发育完全后出生，通过吸食母乳获得营养，使得它们更容易存活下来。

直立行走

哺乳动物中有一类非常特别，叫灵长类，就像现在的猿猴一样，大都喜欢在树上生活。它们的大脑比其他动物要发达得多，前臂也更加灵活。

随着森林面积的不断减少，一些灵长类动物不得不开始尝试下树生活。其中，有一种叫森林古猿，它们可以四足行走，也可以短暂地用两足行走。

后来，出现了可以站起来用两腿行走的灵长类。这就是最原始的人类。

遍布世界的人类

人类能够两腿行走后，就解放了双手。在不断地使用中，双手越来越灵活，甚至可以制造简单的工具，用来捕猎。

最开始，原始人像动物一样，吃生的东西。

后来，他们偶然发现，用火烧熟的食物味道更美。于是，人类学会了如何使用火。

离开自己的家乡，想必是一件非常痛苦的事。

大部分古人类学家都认为，人类的发源地在非洲。随着人类的不断繁衍，相互间的争夺也越来越激烈。于是，一些人类离开了非洲，另寻栖身之地。

人类前后分3次离开非洲，走向世界，有的人甚至穿过寒冷的白令海峡，到了美洲。

白

棕

黄

黑

最后，人类遍布世界。他们在不同的环境生活，体貌特征也产生了很大的差异。也有古人类学家认为，人类有多个发源地。这给体貌特征的差异找到了根本原因。

生命进化历程

46亿年前，地球形成

32亿年前，生命起源

动物登上陆地

瞧，这是一幅生命进化的历程图，是不是一目了然？！

爬行动物出现

恐龙时代

哺乳动物繁盛

寒武纪生命大爆发

鱼类繁盛

人类统治地球

挑战

生物达人 小测试

从前面的《遗传和变异》一书中，我们知道了自己从哪里来。这本《生命的进化》又告诉我们"人类从哪里来"，是不是很神奇？你知道人类的祖先是谁吗？是谁写了《物种起源》？快来挑战一下吧！每道题目1分，看看你能得几分。

按要求选择正确的答案

1.根据地质学研究，地球的形成大约是在（　　）。
　　A.50亿年前　　B.100亿年前　　C.40亿年前　　D.46亿年前

2.生物进化阶段起始于（　　）。
　　A.原核生物　　B.单细胞生物　　C.原始生命　　D.病毒

3.从生物进化的大致过程来看，地球上现存物种中，最高等的动物和植物依次是（　　）。
　　A.爬行动物和种子植物　　　　　　B.鸟类和被子植物
　　C.哺乳动物和裸子植物　　　　　　D.哺乳动物和被子植物

4.每年春季是青蛙的繁殖季节，一只雌青蛙能产卵4000~5000个，卵受精后只有少数能发育为成蛙。按照达尔文的进化学说，产生这种现象的原因是（　　）。
　　A.生存斗争　　B.过度繁殖　　C.适者生存　　D.遗传和变异

5.《物种起源》的作者是（　　）。
　　A.林奈　　　　B.达尔文　　　　C.巴斯德　　　　D.孟德尔

判断正误

6.现在地球上仍然会形成原始生命。（　　）

7.只有适应不断变化的环境的生物才能生存和繁衍。（　　）

8.现代类人猿和人类的共同祖先是森林古猿。（　　）

在横线上填入正确的答案

9.始祖鸟化石是_____类进化成_____类的证据。

10.生物的_____和_____的共同作用，导致了生物的
进化。达尔文的生物进化理论的核心是_____学说。

你的生物达人水平是……

哇，满分哦！恭喜你成为生物达人！说明你认真地读过本书并掌握了重要的知识点，可以自豪地向朋友展示你的实力了！

成绩不错哦！不过，还有一些重点、要点问题，需要你再仔细复习一下，争取完全掌握这本书的内容哦！

生物是从简单到复杂，从水生向陆生，然后向天空发展的，你记住了吗？还需要去好好精读本书，才能掌握更多的知识哦！

分数有点儿低哦！书中讲了那么多好玩的知识，地球的来源、生物的起源、人类的来历……快去仔细阅读一下本书的内容吧！一定会有新的收获。

词汇表

有机物

主要是含有碳元素、氢元素的化合物，是生命产生的物质基础，地球上所有的生命都含有有机物。

进化

也叫演化，是生物种群里的遗传性状和基因在世代之间的变化，一般是指生物从低等到高等变化的过程。

脊索

某些生物身体背部起到支撑躯体作用的棒状结构。

浮游生物

体形很小，漂浮在水中，游动能力很差，主要依靠水流移动的生物。

伽马射线

一种电磁波，具有很强的穿透力。

羊膜卵

爬行动物、鸟类和某些哺乳动物的卵，有坚硬的外壳，含有羊膜结构。

胎生

动物在母体内发育成形，然后被生下来的生殖方式。

哺乳

动物产下后代后，用乳汁哺育后代的行为。